Bibliografische Information der Deutschen Nationalbibliothek:

Die Deutsche Bibliothek verzeichnet diese Publikation in der Deutschen National-
bibliografie; detaillierte bibliografische Daten sind im Internet über http://dnb.d-
nb.de/ abrufbar.

Impressum:

Copyright © 2007 GRIN Verlag, Open Publishing GmbH
Druck und Bindung: Books on Demand GmbH, Norderstedt Germany
ISBN: 9783640535132

Dieses Buch bei GRIN:

http://www.grin.com/de/e-book/143926/wie-man-im-physikunterricht-eine-problem-
frage-stellt

Robert Vetter

Wie man im Physikunterricht eine Problemfrage stellt

Ein Vorschlag mit Hilfe der Wissenschaftstheorie

GRIN Verlag

Wie man im Physikunterricht eine Problemfrage stellt

Ein Vorschlag mit Hilfe der Wissenschaftstheorie

Von ROBERT VETTER (Berlin)

Die Stellung der Problemfrage im problemorientierten Physikunterricht

Problemorientierter Unterricht ist heute eine der methodischen Formen, nach denen Physikunterricht gestaltet werden kann und soll. (Vgl. Mikelskis-Seifert, Rabe 2007)

Nach Leisen (2007, 82) gibt es zwei Aspekte, unter denen der problemorientierte Physikunterricht zu betrachten ist. Physik ist Wissenschaft und zugleich etwas, das zu unterrichten ist. Entsprechend heisst Physik zu betreiben, Probleme zu bearbeiten, dagegen Physik zu unterrichten, das Lernen von Physik schülergerecht an Problemen der Physik und ihren vielfältigen Bezügen zu orientieren.

Problemorientiert zu unterrichten muss daher die Beantwortung zweier leitender Fragen voraussetzen: (1) zum einen die Frage danach, welche typischen Probleme sich in der Physik stellen und wie sie angegangen werden, (2) zum anderen die Frage danach, welche Form der Physikunterricht annehmen muss, damit sich die physikalischen Probleme lernfördernd entfalten können. (1) Da Physik eine Wissenschaft ist, und Wissenschaften u.a. die Aufgabe haben, Sachverhalte zu erklären[i], ist eins der (allgemeinsten) Probleme der Physik die Erklärung physikalischer Sachverhalte. (2) Problemorientierter Physikunterricht muss entsprechend u.a. Unterricht sein, der lehrt, wie physikalische Sachverhalte erklärt werden, und die speziellen Probleme, die sich stellen, sind Erklärungsaufgaben. Problemorientierung bedeutet also nicht unbedingt die Orientierung an lebensweltlichen Problemen der Schüler, sondern auch an wissenschaftlichen Erklärungsaufgaben. (Vgl. Leisen 2007, 82f.) Von dieser Form der Problemorientierung soll hier ausgegangen werden. Die typische Form des problemorientierten Unterrichts gestaltet sich dabei nach dem Vorbild der Wissenschaft. So werden zunächst zu erklärende Sachverhalte bestimmt und meist den Schülern vom Lehrer in experimenteller oder symbolischer Form demonstriert.[ii] Dann wird versucht, das spezielle Problem zu analysieren und eine Problemfrage zu formulieren. Hierauf folgt der Rückgriff auf vorhandenes Wissen und die Erarbeitung neuen Wissens, eine Lösung wird entwickelt und erprobt und auf andere Sachverhalte angewandt.

Ein wesentlicher Aspekt für das Gelingen der lernfördernden Entfaltung des Problems ist dabei die richtige Formulierung der Problemfrage. Das Beherrschen ihrer Formulierung ist für die Schüler eine wichtige Heuristik für ihre selbstständige Lösung des physikalischen Problems.[iii] An die Problemfrage werden dabei unterschiedlichste Forderungen gestellt. So muss sie sinnvoll, klar und präzise sein, möglichst eindeutig, für die Schüler motivierend sein und keine negativen Reaktionen hervorrufen, und innerhalb einer gegebenen Zeit, häufig nur einer Schulstunde, durch eine sehr begrenzte Zahl möglicher Antworten knapp beantwortbar sein. Darüber hinaus wird häufig gefordert, dass sich die Problemfrage den Schülern von selbst stellt, der Lehrer sie also nicht vorgeben darf und soll. Unsere Aufgabe ist es nun, die Formulierung von Problemfragen mit Hilfe der Wissenschaftstheorie zu rekonstrieren und darauf aufbauend Vorschläge auszuarbeiten, wie man die Problemfrage stellen kann, damit sie die genannten Kriterien erfüllt.

Die Problemfrage als Frage nach physikalischen Erklärungen

Soll im Unterricht die Erklärung eines physikalischen Sachverhalts geleistet werden, muss u.a. vorausgesetzt werden können, dass Schüler zu wissenschaftlichem Denken fähig sind. Nach Inhelder und Piaget (1958) ist dies mit dem Beginn des Jugendalters im 11./12. Lebensjahr gewährleistet. Neuere Studien (Vgl. Oerter, Dreher 2002, 485f.) zeigen, dass sogar Grundschüler die Fähigkeit zu wissenschaftlichem Denken besitzen und dass sie schon systematische Strategien der Hypothesenüberprüfung erlernen können, die sie sonst nicht anwenden. Die grundlegenden kognitiven Fähigkeiten, die das Erklären physikalischer Sachverhalte verlangt, können also spätestens mit dem 12. Lebensjahr vorausgesetzt werden. Sinnvolle Fragen sind nun so gestaltet, dass sie sich auf einen anderen Sachverhalt richten, der erfragt wird. Sie haben eine Antwort. Im problemorientierten Physikunterricht ist es die Antwort auf die Problemfrage, die das Wissen enthält, das von den Schülern gelernt werden soll. Der Erwerb dieses Wissens ist in den Lernzielen des Physikunterrichts enthalten. Die Problemfrage muss eine bestimmte Antwort als Problemlösung erfordern. Ihre Form ist daher von der Form der Antwort abhängig. Um also zu bestimmen, in welcher Form die Problemfrage gestellt werden soll, muss deshalb eruiiert werden, welche Form ihre Antwort hat. Es muss geklärt werden, wonach eine Problemfrage typischerweise fragt. Da physikalische Problemfragen nach Erklärungen physikalischer Sachverhalte fragen, sollte erörtert werden, welche Elemente eine physikalische Erklärung enthält, die zur Erklärung eines physikalischen Sachverhalt angeführt werden. Hierzu lohnt es sich zunächst einen Blick auf die allgemeiner Form physikalischer Erklärungen zu werfen.

Physikalische Erklärungen gehorchen ihrer Form nach dem von Hempel und Oppenheim aufgestellten Hempel-Oppenheim-Schema, das auch das Deduktiv-Nomologische Modell (D-N-Modell der Erklärung) genannt wird. (Vgl. Hempel, Oppenheim 1948, 138; Hempel 1977, 6ff.; Lauth, Sareiter 2005, 69f.) Danach wird aus allgemeinen Gesetzmäßigkeiten[iv] $G_1,...,G_m$ und den Antenzedenzbedingungen $A_1,..., A_n$ auf den zu erklärenden Sachverhalt, das Explanandum E, geschlossen. Die allgemeinen Gesetzmäßigkeiten und die Antezendenzbedingungen machen zusammen das Explanans aus, das das Explanandum erklärt. Das D-N-Modell sieht also wie folgt aus:

(1) Allgemeine Gesetzmäßigkeiten: $G_1,...,G_m$

(2) Antezendenzbedingungen: $A_1,..., A_n$

----

(3) Explanandum: E

Ein Beispiel soll sein Funktionieren demonstrieren. (Vgl. Lauth, Sareiter 2005, 70)

Zu erklären ist der Sachverhalt, dass sich bei Temperaturerhöhung eines idealen Gases bei konstantem Druck das Volumen des Gases um 10% erhöht. Das Explanandum E lautet also: „Das Gasvolumen hat sich um 10% ausgedehnt". Die allgemeine Gesetzmäßigkeit G_1, die zur Erklärung herangezogen werden kann, ist eine Kombination aus dem Gesetz von Gay-Lussac und dem Gesetz von Amontons., $pV/T=const.$, wobei p der Druck ist, V das Volumen und T die Temperatur des Gases.. Die Antezendezbedingung A_1, die nun zusammen mit der allgemeinen Gesetzmäßigkeit das Explanandum E erklärt, lautet: „Die Temperatur im Behälter ist bei konstantem Druck um 10% erhöht worden". Die Erklärung des Sachverhalts enthält also hier quantitative Gesetzmäßigkeiten und physikalische Größen. Dies ist im Physikunterricht oft der Fall. Physikalische Erklärungen enthalten allgemeine Gesetzmäßigkeiten und Antezedenzbedingungen. Die Problemfrage muss sich auf die allgemeinen Gesetzmäßigkeiten bzw. die Antezedenzbedingungen richten. Diese sind in der Antwort auf die Problemfrage enthalten und sie sind das Wissen, dass von den Schülern erworben werden soll.

Voraussetzung dafür, die Problemfrage stellen zu können, ist jedoch, dass der zu erklärende Sachverhalt – das Explanandum - bekannt ist. Er muss zunächst (experimentell-anschaulich oder symbolisch) demonstriert werden. Schon Aristoteles schreibt in der Zweiten Analytik, dass ein wissenschaftliches Wissen von einem Sachverhalt zu haben, heißt zunächst zu wissen, dass es so ist, und dann eine Erklärung für ihn zu kennen. (Zweite Analytik, I, 2; Vgl. van Fraassen 1980, 21)

Um zu wissen was ist, muss der zu erklärende Sachverhalt jedoch nicht nur demonstriert werden, sondern auch geeignet benannt werden. Um das Beispiel der Ausdehnung eines Gases durch Temperaturerhöhung wiederaufzunehmen: Die Volumenzunahme sollte als solche benannt werden. Einfach von einem Ereignis zu sprechen, ohne es zu benennen, ist für eine präzise und eindeutige Problemlösung nicht ausreichend. Ist das Explanandum bekannt, kann die Problemfrage gestellt werden und nach dem Explanans gefragt werden. Die Problemfrage ist damit eine Frage nach allgemeinen Gesetzmäßigkeiten und den Antezedenzbedingungen. Ein solcher problemorientierter Physikunterricht läuft damit darauf hinaus, eine allgemeine Gesetzmäßigkeit zu erarbeiten. Soll die Gesetzmäßigkeit erarbeitet werden, so müssen vor der Formulierung der Problemfrage mit dem zu erklärenden Sachverhalt auch die Antezedenzbedingungen demonstriert und benannt werden. Um das Beispiel der Ausdehnung eines Gases durch Temperaturerhöhung wiederaufzunehmen: Hier sollte nicht nur der Sachverhalt der Volumenerhöhung, sondern auch der der Temperaturerhöhung nicht nur demonstriert, sondern auch als solcher benannt werden (können). Er muss als „Temperaturerhöhung" benannt werden, einfach von „Erhitzen" oder „Erwärmen" zu sprechen reicht nicht aus. Die Benennung der Antezedenzbedingungen wie des Explanandums muss die physikalischen Größen enthalten, sollen quantitative Zusammenhänge erarbeitet werden.

Damit wird die Phasierung des Problemorientierten Unterrichts konkretisiert. Nach Knoll (1978, 74ff.) werden nach der Formulierung der Problemfrage von den Schülern unter Rückgriff auf vorhandenes Wissen Hypothesen gebildet und ein Experiment geplant, das dann durchgeführt wird, und mit dem neues Wissen erarbeitet wird. Durch Auswertung der Messergebnisse wird eine Lösung wickelt. Diese enthält die allgemeine Gesetzmäßigkeit und die Antezedenzbedingungen des Explanans. Schließlich wird die allgemeine Gesetzmäßigkeit überprüft und auf andere Fälle angewandt. Alternativ kann jedoch anstatt eines Experiments, das einem induktiven Vorgehen entspricht, eine Deduktion durchgeführt werden, die als Ergebnis das gesuchte Gesetz enthält.

Die Problemfrage als Warum-Frage

Fragen, die Erklärungen fordern, sind so genannte Warum-Fragen, denn Erklärungen sind das, was Warum-Fragen beantworten. (Vgl. Moravcsik 1974, 3) Damit hat die Problemfrage zunächst die Form einer Warum-Frage. Warum-Fragen haben bestimmte Voraussetzungen, die im problemorientierten Physikunterricht beachtet werden müssen, damit sie sich sinnvoll stellen lassen.

Nehmen wir als Beispiel wieder unsere Frage nach der Erklärung der Ausdehnung eines Gases, so lautet die Warum-Frage: „Warum erhöht sich das Volumen das Gases um 10%?". Warum-Fragen beginnen mit dem Fragewort „Warum". Der Rest der Frage, die so genannte innere Frage, hat die Oberflächenstruktur einer Ob-Frage, welche mit ja oder nein beantwortet werden kann. (Vgl. Bromberger 1966, 86) Für unser Beispiel lautet die innere Frage: „Erhöht sich das Volumen das Gases um 10%?" Damit eine Warum-Frage sinnvoll ist, muss ihre affirmative innere Frage mit Ja beantwortet werden können, oder aber, wenn das stattdessen der Fall ist, ihre negierende innere Frage mit Nein. Das gilt auch für den problemorientierten Physikunterricht. In unserem Beispiel muss bejaht werden, dass sich das Volumen des Gases um 10% erhöht hat, weil die innere Frage die Form einer affirmativen Ob-Frage hat. Wird dagegen verneint, dass das Volumen des Gases um 10% zugenommen hat, so ist unsere Warum-Frage nicht sinnvoll und muss zurückgewiesen bzw. korrigiert werden.

Die Antwort auf die innere Ob-Frage enthält den zu erklärenden Sachverhalt. Für unser Beispiel lautet die Antwort lautet also: „Ja, das Volumen des Gases erhöht sich um 10%" bzw. abgekürzt. „Ja, E". Wobei E also wahr sein muss, damit die Warum-Frage sinnvoll zu stellen ist. Entsprechend lässt sich die Warum-Frage auch in der Form „Warum E?" schreiben und das Explanandum muss wahr sein, damit die Frage sinnvoll ist.

Die Antwort auf eine Warum-Frage lässt sich durch „weil q" abkürzen, wobei q der zur Erklärung angeführte Sachverhalt ist. Wir haben oben gesehen, dass es sich dabei um das Explanans, also für unseren Fall um eine allgemeine Gesetzmäßigkeit, die Zustandsgleichung des idealen Gases, und die Antezedenzbedingungen, die Temperaturerhöhung und die Konstanz des Drucks, handelt.

Nun gibt es in der Literatur vielfach diskutierte Probleme mit dem D-N-Modell und den Warum-Fragen, aus denen weitere Schlussfolgerungen für das richtige Stellen der Problemfrage ableitbar sind.

Das Problem der Asymmetrie

Das Problem der Asymmetrie der Erklärung ergibt sich aus der Form des D-N-Modells. (Vgl. Bartelborth 2007, 25ff.; Bromberger 1966, 92ff., van Fraassen 1988, 38f.)

Und zwar wird das D-N-Modell auch durch Ableitungen erfüllt, die intuitiv keine Erklärungen sind. Nehmen wir als Beispiel für die allgemeine Gesetzmäßigkeit des Explanans wieder die Kombination aus dem Gay-Lussacschen Gesetz und dem Gesetz von Amontons, nur muss diesmal mit ihr erklärt werden, dass sich das Volumen bei konstanter Temperatur um 10% erhöht. Das Explanandum E lautet also entsprechend, und die Warum-Frage lautet wieder: „Warum erhöht sich das Volumen des Gases um 10%?" Diesmal werden jedoch als Antzedenzbedingungen angeführt, dass die Temperatur konstant ist, und dass der Druck um 10% abnimmt. Der Sachverhalt, dass sich das Gas um 10% ausdehnt, wird aus der Abnahme des Drucks zwar abgeleitet. Intuitiv handelt es sich jedoch nicht um ein Erklärung, die Druckänderung erklärt nicht die Volumenänderung, auch wenn das D-N-Schema erfüllt wird. (Vgl. Brody 1972, 21) An zwei weiteren Beispielen soll die These, dass das D-N-Modell auch durch Ableitungen erfüllt wird, die intuitiv keine Erklärungen sind, plausibel gemacht werden:

(1) Das erste Beispiel, allerdings aus dem mathematischen Bereich, ist Brombergers „Fahnenmastbeispiel". (Vgl. Bromberger 1966, 92; van Fraassen 1988, 38)

Man stelle sich einen Fahnenmast vor, der eine bestimmte Höhe hat, und der einen Schatten mit einer bestimmten Länge wirft. Mit Hilfe eines einfachen geometrischen Gesetzes kann die Schattenlänge bei gegebenem Winkel der Sonneneinstrahlung aus der Höhe des Fahnenmastes abgeleitet werden. Hier wird die Länge des Schattens durch die Höhe des Mastes erklärt. Umgekehrt lässt sich jedoch mit Hilfe desselben geometrischen Gesetzes aus der Länge des Schattens die Höhe des Turmes ableiten. Hier würde man jedoch nicht von einer Erklärung sprechen. Genau wie bei der Kombination des Gesetzes von Gay-Lussac mit dem Gesetz von Amontons, die Größen Druck, Volumen und Temperatur, sind die Höhe des Turmes und die Länge des Schattens interdependent, sie lassen sich voneinander mit Hilfe einer allgemeinen Gesetzmäßigkeit ableiten. Jedoch lässt sich nicht jede Größe durch die anderen Größen erklären. Ableitbarkeit ist eine symmetrische Beziehung, Erklärung ist dagegen asymmetrisch.

(2) Die Gesetzmäßigkeit des zweiten Beispiels sei das Snelliussche Brechungsgesetz $sinA/sinB=n$, wobei A der Winkel des einfallenden Strahls, B der Winkel des gebrochenen

Strahls und n eine Materialkonstante, der an der Brechung beteiligten Medien ist. Alle Größen lassen sich auseinander ableiten. Den Winkel B kann man aus n und A ableiten, man kann auch den Winkel A aus Winkel B und n ableiten. Nur bei ersterer Ableitung handelt es sich jedoch intuitiv um eine Erklärung.

Schüler teilen vermutlich diese Intuitionen und entwickeln unter Umständen negative Einstellungen gegenüber Erklärungsversuchen entgegen der Erklärungsrichtung. Soll der problemorientierte Physikunterricht von Problemfragen ausgehen, die Erklärungen liefern, und die bei den Schülern keine negativen Reaktionen und Demotivierung provozieren, muss bei der Stellung der Problemfrage diese Asymmetrie beachtet werden, auch wenn es dann vielfach in Anwendungs- und Rechenaufgaben häufig keine Rolle spielt, ob die Erklärungsrichtung eingehalten wird.

Das Problem der Mehrdeutigkeit

Bisher sind wir davon ausgegangen, dass Problemfragen die Form von Warum-Fragen haben. Warum-Fragen sind jedoch mehrdeutig, so dass auf eine solche Frage eine Vielzahl von Antworten möglich ist. Im problemorientierten Physikunterricht soll jedoch möglichst *eine* Antwort als Problemlösung für das Problem gefunden werden, die das zu erwerbende physikalische Wissen, die allgemeine Gesetzmäßigkeit, enthält. Stellt sich am Beginn des Unterrichts unsere als Beispiel angeführte Problemfrage „Warum erhöht sich das Volumen des Gases um 10%?" nachdem der Lehrer ein entsprechendes Experiment durchgeführt hat oder den Sachverhalt auf andere Weise demonstriert wurde, könnten die Schüler antworten: „Weil sie das Gas erwärmt haben.", oder auf den Unterricht reflektierend „damit Sie uns etwas zu denken geben." oder aber „weil Sie glauben, dass uns das interessieren könnte". (Vgl. Walther 1985) Bis auf die erste Antwort liegen die Antworten nicht einmal im Bereich der Physik. Aber auch, wenn die Problemfrage schon als rein physikalische Frage aufgefasst wird, bleibt sie mehrdeutig. Denn die Frage „Warum erhöht sich das Volumen des Gases um 10%?" kann man wie folgt auffassen: „Warum erhöht sich das Volumen *dieser Art* Gas um 10 % – nicht vielmehr das einer anderen?, oder „Warum erhöht sich *das Volumen* des Gases um 10% – und nicht vielmehr der Druck?", oder „Warum *erhöht sich* das Volumen des Gases um 10% – und nimmt nicht vielmehr ab?", oder aber „Warum erhöht sich das Volumen des Gases um *10%* – und nicht vielmehr um 20%?". (Vgl. van Fraassen 1988, 52).

Um Eindeutigkeit der Frage zu erreichen, muss der Lehrer das Thema und den Kontext der Problemfrage bestimmen. Dadurch dass es sich um Physikunterricht handelt, werden schon nicht-physikalische Antworten und Problemlösungen ausgeschlossen. In der Phase der Hypothesenbildung müssen entsprechende Antworten von vornherein schon abgewiesen werden. Die Schüler können jedoch im allgemeinen schon unterscheiden, ob ihr Antwortversuch physikalisch oder nicht-physikalisch ist. Um die Problemfrage auch physikalisch eindeutiger zu machen, muss der Lehrer neben der Demonstration des zu erklärenden Sachverhalts auch das demonstrieren oder anführen, was van Fraassen die Kontrastklasse der Warum-Frage nennt. (Vgl. van Fraassen 1988, 52) Das Problem der Mehrdeutigkeit betrifft die Demonstration des Explanandums. Dabei ist die Kontrastklasse die Klasse von Alternativen, die das Explanandum hat. Für unser Beispiel müssen die Alternativen und Möglichkeiten der Verringerung des Volumens und seine Erhöhung um andere Prozente als 10% aufgeworfen werden.

Die Problemfrage im Sinne von „Warum erhöht sich *das Volumen* des Gases um 10% – und nicht vielmehr der Druck?" ist für unser Beispiel ausgeschlossen, denn es ist Antezedenzbedingung, dass der Druck konstant bleibt. Dass der Druck sich ändert, ist von vornherein keine Alternative zum zu erklärenden Sachverhalt. Es muss den Schülern klar sein, welche Alternativen das Explanandum hat und welche es nicht hat, damit sie die Problemfrage richtig stellen und richtig beantworten können. Der zu erklärende Sachverhalt muss in geeigneter Weise demonstriert werden. Aber wie man bei unserem Beispiel sieht, werden durch die Problemlösung, der Angabe des Gay-Lussacschen Gesetzes bzw. seiner Kombination mit dem Gesetz von Amontons, die beiden letzten von uns aufgeführten Fragen beantwortet. Mit Hilfe der Gleichung kann erklärt werden, warum sich das Volumen überhaupt erhöht, als auch warum es sich gerade um 10% erhöht. Eine Problemfrage im Sinn der anderen zwei Fragen muss zurückgewiesen werden, weil sie keine Alternativen zum zu erklärenden Sachverhalt ausdrückt, die in der Kontrastklasse enthalten sind. Hier sollte den Schülern also klargemacht werden, dass die demonstrierte Volumenerhöhung des Gases zunächst für jedes Gas gelten soll und dass der Druck konstant bleibt. Die Alternativen, dass sich der Druck ändert, und dass die Art des Gases eine Rolle spielt, werden ausgeschlossen. Die Alternativen, dass das Volumen das Gases möglicherweise auch um andere Prozente zunehmen könnte oder gar abnehmen könnte werden in der Demonstration oder auf andere Weise bestätigt.

Berücksichtigt man die Kontrastklasse für die Formulierung der Problemfrage, so bietet es sich an, letztere in einer erweiterten Form zu stellen: „Warum E_i, und nicht vielmehr E_j?", wobei E_i der zu erklärende und wahre Sachverhalt und E_j die nicht realisierten Alternativen der Kontrastklasse darstellt. i ist ungleich j. (Vgl. Schnepf 2006, 132) Für unser Beispiel lautet die Problemfrage also etwas umständlich: „Warum erhöht sich das Volumen des Gases um 10%, und nimmt nicht vielmehr um andere Prozente zu bzw. nimmt nicht um bestimmte Prozente ab?".

Im Anschluss an die Lösung dieser Problemfrage lässt sich in der Demonstration das Problem auch so variieren, dass trotz Erhöhung der Temperatur des Gases um 10% sein Volumen nicht zunimmt. Dann lässt sich die Problemfrage in der Form: „Warum E_i, obwohl A_n?" stellen, wobei A_n die Antezedenzbedingungen darstellen. Für unser Beispiel muss als Antwort der Sachverhalt angeführt werden, dass sich auch der Druck um 10% erhöht hat. Hier ist es so, dass eigentlich ein anderes Verhalten des Gases erwartet wird und der zu erklärende Sachverhalt von dieser Erwartung abweicht.

Vor allem um die Erklärung solcher von der Erwartung abweichender Sachverhalte soll es nach Toulmin (1969) in der Physik gehen. (Vgl. auch Scheibe 1970) Er ist der Meinung, dass in ihr vor allem bestimmte Sachverhalte, die er Ideen nennt, den Standard dessen bestimmen, was normal zu erwarten ist, und dass erklärungsbedürftige Sachverhalte vor allem solche sind, die von diesem Standard abweichen. (Vgl. ebd., 46) Als Beispiel für diese Ideen sind das Trägheitsprinzip oder das Prinzip der geradlinigen Ausbreitung des Lichtes zu nennen. Erklärungsbedürftig sind dann nur solche von den Prinzipien abweichende Sachverhalte, wo ein Körper sich nicht geradlinig gleichförmig oder Licht sich nicht geradlinig ausbreitet. Die Demonstration der zu erklärenden Sachverhalte solcher Problemfälle erzeugt bei den Schülern eine kognitive Dissonanz und ist deshalb für den problemorientierten Physikunterricht zusätzlich motivierend. Gemäß Toulmin kann die Problemfrage dann die Form: „Warum E_i, wo doch relativ auf das Ideal I_k mit H zu rechnen war?" annehmen, wobei H der erwartete Sachverhalt ist. (Vgl. Schnepf 2006, 132)

Das Problem der Irrelevanz

Ein weiteres Problem mit dem D-N-Modell der Erklärung ist das der Irrelevanz von Sachverhalten für die Erklärung. (Vgl. Bartelborth 2007, 31f., van Fraassen 1988, 41ff.) Das Problem der Irrelevanz betrifft die Auswahl der Antezedenzbedingungen.

Für unser Beispiel könnte als erklärender Sachverhalt angeführt werden, dass sich das Gas ausdehnt, weil der Lehrer etwas staunenswertes zeigen will, oder weil er im Handbuch gelesen hat, dass man ein solches Experiment so macht oder weil es im Lehrplan steht. Diese angeführten erklärenden Sachverhalte sind schon allein deshalb für die physikalische Erklärung des Explanandum irrelevant, weil sie keine physikalischen Größen enthalten. Den

Schülern muss klar sein, dass die gesuchte Erklärung solche enthalten muss. Aber auch wenn nur physikalische Größen in den Antezedenzbedingungen in Betracht gezogen werden, kann es in der Demonstration des zu erklärenden Sachverhalts und der Antezedenzbedingungen vor der Formulierung der Problemfrage vorkommen, dass für die Erklärung für die zu findenden allgemeinen Gesetzmäßigkeiten irrelevante Sachverhalte in der Demonstration nicht auszuschließen sind bzw. mitdemonstriert werden. Hier besteht die Gefahr, dass diese bei der Hypothesenbildung als Antezedenzbedingungen mit aufgeführt werden. Ihr Zusammenhang mit dem zu erklärenden Sachverhalt kann jedoch meist nicht untersucht werden.

So könnte bei unserem Beispiel das Erwärmen des Gases von den Schülern in einer irrelevanten Kategorie gefasst werden. (Vgl. van Fraassen 1988, 48ff.; Foellesdal, Walloe, Elster 1986, 160f.) Die Erwärmung könnte von den Schülern nur als Zufuhr von Wärme betrachtet werden und damit von ihnen vermutet werden, dass die zugeführte Wärme als Antezedenzbedingung mit in die zu findende allgemeine Gesetzmäßigkeit mit eingeht. Das zu findende Gesetz enthält aber als physikalische Größe nicht die Wärme.

Ein anderes Beispiel: Soll das Schwingungsgesetz für ein (mathematisches) Fadenpendel $T=2\pi\sqrt{(l/g)}$ (gültig für kleine Auslenkungen) erarbeitet werden und eine bestimmte Periodendauer T erklärt werden, so müssen als Antezedenzbedingungen die Länge l und der Ortsfaktor g benannt werden. Irrelevant für die Erarbeitung des Gesetzes sind jedoch die Masse m und der Auslenkwinkel α, obwohl vermutet werden könnte, dass die Periodendauer des Pendels z.B. mit größerer Masse des Pendelkörpers kleiner wird, oder mit größerem Auslenkwinkel größer. Bei der Demonstration des Explanans – der Peridodendauer des Pendels – kann eine Mitdemonstration der Masse und des Auslenkwinkels nicht umgangen werden, obwohl sie für die Erklärung der Periodendauer mit dem Schwingungsgesetz irrelevant sind. Die Antezedenzbedingungen müssen richtig benannt werden. Der Lehrer muss in der Demonstration des zu erklärenden Sachverhalts also darauf achten, dass nur für die Erklärung relevante physikalische Sachverhalte bei der Hypothesenbildung in die Antezedenzbedingungen Eingang finden, da ein Zusammenhang mit für den Unterricht irrelevanten physikalischen Größen nicht gesucht wird und meist nicht geprüft werden kann.

Die Problemfrage als Welch-Frage

Das Problem der Mehrdeutigkeit ist nach Walther (1985, 162) dadurch zu lösen, dass man die Warum-Frage als so genannte Welch-Frage paraphrasiert. Die Mehrdeutigkeit des Frageworts „Warum" wird damit vereindeutigt. Die Aufgabe hier ist es dann jedoch ein geeignetes Frageprädikat zu finden. Wonach fragt eine Problemfrage, die als Welch-Frage formuliert wird? Erinnern wir uns an unser Beispiel. Die Warum-Frage lautete hier: „Warum erhöht sich das Volumen des Gases um 10%?". In der Antwort auf diese Frage waren die allgemeine Gesetzmäßigkeit und die Antezedenzbedingungen enthalten. Sie lautete also in etwa: „Weil die Temperatur um 10% erhöht wird, der Druck konstant bleibt und die Gesetze von Gay-Lussac und Amontons gelten." Wir fragen mit der Problemfrage also nach den Antezedenzbedingungen und nach den allgemeinen Gesetzmäßigkeiten. Unsere Problemfrage als Welch-Frage könnte so lauten: „Welche allgemeinen Gesetzmäßigkeiten und Antezedenzbedingungen erklären den Sachverhalt, dass sich das Volumen des Gases um 10% erhöht." und in allgemeiner Form für ein beliebiges Explanandum: „Welche allgemeinen Gesetzmäßigkeiten und Antezedenzbedingungen erklären den Sachverhalt, dass E?". Sollen die Schüler eine derartige Problemfrage stellen können, muss vorausgesetzt werden, dass die Schüler die Begriffe Antezedenzbedingungen und allgemeine Gesetzmäßigkeit kennen. Sie müssten mit dem D-N-Modell der Erklärung vertraut sein. Es bleibt empirisch zu prüfen, ob solche Voraussetzungen geschaffen werden können, und ab welchem Alter der Schüler dies geschehen kann. Dass durch die Problemfrage physikalische Gesetzmäßigkeiten gesucht werden, kann den Schülern dagegen gelehrt werden, und auch, dass diese Gesetzmäßigkeiten aus interdependenten physikalischen Größen bestehen. Das Explanandum enthält physikalische Größen, für unser Beispiel der Erhöhung des Volumens eines Gases durch dessen Erhöhung der Temperatur T ist es das Volumen V. Abgekürzt könnte die Problemfrage als Warum-Frage dann auch lauten: „Warum ΔV?" Gesucht werden die anderen physikalischen Größen, die mit dem Volumen des Gases in gesetzmäßigem Zusammenhang stehen und die Art dieses Zusammenhangs. Danach könnte für unser Beispiel die Problemfrage als Welch-Frage lauten: „Welche physikalischen Größen stehen mit dem Volumen des Gases in gesetzmäßigem Zusammenhang und welcher Zusammenhang ist das?". Mit den gesuchten physikalischen Größen werden die Antezedenzbedingungen benannt, mit dem gesetzmäßigen Zusammenhang die allgemeine Gesetzmäßigkeit. Neben dem Begriff des physikalischen Gesetzes sollte den Schülern also auch der Begriff der physikalischen Größe vertraut sein, damit sie die Problemfrage selbst stellen und Hypothesen zu ihrer Lösung aufstellen können.

Die allgemeine Form unserer Problemfrage lautet nun zunächst: „Welche physikalischen Größen stehen mit x in gesetzmäßigem Zusammenhang und welcher Zusammenhang ist das?", wobei x die physikalische Größe des demonstrierten zu erklärenden Sachverhalts ist.

Ein weiteres Beispiel soll diese Form der Problemfrage illustrieren. Die in der Problemlösung zu erarbeitende allgemeine Gesetzmäßigkeit ist das Pendelgesetz $T=2\pi\sqrt{(l/g)}$, wobei T die Periodendauer des Fadenpendels für kleine Auslenkungen, l die Länge des Pendels und g der Ortsfaktor ist. Erklärt werden soll der Sachverhalt, dass das Fadenpendel eine bestimmte Periodendauer T hat. In der Kurzform der Warum-Frage würde die Problemfrage lauten können: „Warum T=a?", wobei a der Wert ist. In der Form unserer Welch-Frage lautet sie: „Welche physikalischen Größen stehen mit T in gesetzmäßigem Zusammenhang und welcher Zusammenhang ist das?".

Um eine Zwischenbilanz zu ziehen: Bei dieser Form der Problemfrage als Welch-Frage könnten wir stehen bleiben und sie als Form vorschlagen, in der im problemorientierten Physikunterricht für die Erarbeitung von Gesetzen die Problemfrage zu stellen ist.

Mit dieser Form der Problemfrage kann man nach jeder in einem gesetzmäßige Zusammenhang stehenden physikalischen Größe und diesem Zusammenhang fragen. Betrachten wir das Beispiel des Fadenpendels, so kann man theoretisch als zu „erklärenden" Sachverhalt auch die Länge des Fadenpendels wählen und die Abhängigkeit zum Ortsfaktor und zur Periodendauer bestimmen. Wir bestimmen nur die Interdependenz der physikalischen Größen, unser Anspruch besteht dann nur in der Ableitung einer physikalischen Größe aus anderen, statt ihrer Erklärung. Die Asymmetrie der Erklärung muss man mit dieser Form der Problemfrage nicht beachten.

Will man jedoch einen Sachverhalt tatsächlich erklären und nicht nur ableiten, muss die Asymmetrie der Erklärung beachtet werden. Es stellen sich die Fragen: Wie hängen die Bedingungen im Explanans mit dem Explanandum zusammen? Was ist ihre tatsächliche Relevanz für das Explanandum? (Vgl. Bartelborth 2007, 41f.) Zur Beantwortung dieser Fragen müssen wir scheinbar die Kausalität ins Spiel bringen. Nach Scheibe (2006, 208) ist es ein philosophischer Gemeinplatz, dass physikalische Gesetze Kausalgesetze sind. Physikalische Sachverhalte zu erklären, so der Gemeinplatz, heißt von Kausalität zu reden. Was heißt das nun für die Formulierung unserer Problemfrage?

Die Problemfrage als Frage nach kausalen Erklärungen

Einen Sachverhalt kausal zu erklären heißt, Ursachen für Wirkungen anzugeben, wobei der zu erklärende Sachverhalt als Wirkung betrachtet wird. Eine Problemfrage, die explizit nach einer kausalen Erklärung verlangt, muss nach Ursachen für den zu erklärenden Sachverhalt fragen. Nach Moravcsik (1974, 5) und van Fraassen (1980, 24) spricht man im Anschluss an Aristoteles allerdings lieber von explanatorischen Faktoren als von Ursachen.

In der Physik denkt man bei Ursachen zunächst an Kräfte. So bewirkt eine Kraft F, dass sich ein Körper auf einer Kreisbahn mit dem Radius r bewegt. Die Kreisbewegung ist also eine Wirkung der Kraft. Der Bahnradius ist dabei die physikalische Größe r, die von der Größe F bedingt wird. Es gilt die allgemeine Gesetzmäßigkeit $r=F/(m\omega^2)$, wobei m die Masse des Körpers auf der Kreisbahn und ω dessen Winkelgeschwindigkeit ist. Unsere Problemfrage als Welch-Frage, wie wir sie zuletzt formulierten, würde lauten: „Welche physikalischen Größen stehen mit r in gesetzmäßigem Zusammenhang und welcher Zusammenhang ist das?". Fragen wir nun aber nach Faktoren, so könnten wir die Problemfrage wie folgt formulieren: „Welche Faktoren bedingen r und in welchem gesetzlichen Zusammenhang stehen sie zu r?". Die Faktoren werden durch die physikalischen Größen, die in den Antezedenzbedingungen des D-N-Modells der Erklärung enthalten sind, dargestellt.

Betrachten wir jedoch unser ursprüngliches Beispiel, die Volumenerhöhung eines Gases um 10%, so stellen wir fest, dass wir dazu die Temperatur T als physikalische Größe in den Antezedenzbedingungen anführten. Nach unserer Intuition ist die Temperatur jedoch nicht als Ursache oder Faktor für das Volumen zu betrachten. Es sind zwar physikalische Größen, die miteinander korrelieren, jedoch keine kausalen Faktoren. Trotzdem ist es legitim, nach den Faktoren für die Volumen*erhöhung* ΔV zu fragen. Angeben würde man hier die Erwärmung, sprich die Temperaturerhöhung ΔT. Hier sind es Prozesse, nicht Zustände, die kausal erklärt werden.

Betrachtet man als weiteres Beispiel die Periodendauer T eines Fadenpendels, so stellt man auch hier fest, dass man kaum davon sprechen kann, dass diese von der Länge des Fadens l verursacht würde. Es ließen sich viele weitere Beispiele anführen, bis hin zur von uns schon erwähnten Fourierschen Wärmeleitungsgleichung[v], die nicht den Charakter einer kausalen Erklärung haben[vi]. Nach Scheibe (2006, 223) sind nur Fälle erzwungener Bewegung Fälle, bei denen man von Ursache und Wirkung reden könne. Für den Unterricht scheint es daher besser, die Problemfrage in der Form zu formulieren, die nach physikalischen Größen und allgemeinen Gesetzmäßigkeiten fragt. Auch wenn in dieser Form Problemfragen gestellt werden können, die die Asymmetrie der Erklärung nicht beachten.

Fazit

Unsere Folgerungen aus den Problemen des D-N-Modells der Erklärung und der Warum-Frage lassen sich wie folgt zusammenfassen: Damit sich die Problemfrage im Physikunterricht sinnvoll stellen lassen kann, muss das Explanandum wahr sein; und dem Explanandum widersprechende Sachverhalte müssen falsch sein. (Kitcher, Salmon, 1987, 318) Damit sich die Problemfrage möglichst von selbst stellt, müssen bei der Demonstration des Explanandums bei den Schülern die Kenntnisse des Themas und der Kontrastklasse implizit vorausgesetzt werden können oder aber vom Lehrer expliziert werden. Es muss also den Schülern klar sein, welche alternativen Sachverhalte zum Explanandum bestehen und welche dagegen aus der Betrachtung ausgeschlossen sind. Es muss den Schülern klar sein, dass physikalische Erklärungen erfordert werden, und dass hierzu nach physikalischen Größen und ihrem gesetzmäßigen Zusammenhang gefragt wird. Zudem müssen die relevanten Antezedenzbedingungen als solche demonstriert werden können, um gültige Hypothesen aufstellen zu können. Es muss den Schülern ebenso bekannt sein, welche physikalischen Größen als Antezedenzbedingungen für die Erklärung des Explanandums irrelevant sind.

Damit die Problemfrage möglichst motivierend ist, sollten nur solche zu erklärenden Sachverhalte ausgewählt werden, deren Ableitung aus einer allgemeinen Gesetzmäßigkeit die Erklärungsrichtung einhalten. Für den Fall, dass im Unterricht allgemeine Gesetzmäßigkeiten erarbeitet werden sollen, sollte die Problemfrage eine Welch-Frage der Form „Welche physikalischen Größen stehen mit x in gesetzmäßigem Zusammenhang und welcher Zusammenhang ist das?" sein, wobei x die betrachtete physikalische Größe im Explanandum ist. Eine solche Frage ist eindeutig, klar, präzise und ist knapp beantwortbar.

Literaturverzeichnis

Aristoteles	„Zweite Analytik".
Bartelborth	„Erklären", Berlin [u.a.] 2007.
Brody	„Towards an Aristotelian Theory of Scientific Explanation", in: Philosophy of Science, 39, 1972, S.20-31.
Bromberger	"Why-Questions", in: Colodny (Hrsg.) 1966, S.86-111.
Bunge	„Kausalität, Geschichte und Probleme", Tübingen 1987.
Colodny (Hrsg.)	„Mind and Cosmos", University of Pittsburgh Press 1966.
Foellesdal, Walloe, Elster	"Rationale Argumentation – ein Grundkurs in Argumentations- und Wissenschaftstheorie", Berlin [u.a.] 1986.
Hempel	„Aspekte wissenschaftlicher Erklärung", Berlin [u.a.] 1977.
Hempel, Oppenheim	„Studies in the Logic of Explanation", in: Philosophy of Science, 15, 1948, S. 135-175.
Humphreys	"The Chances of Explanation", Princeton 1989.
Inhelder, Piaget	"The Growth of Logical Thinking from Childhood to Adolescence ", New York 1958.
Kitcher, Salmon	„Van Fraassen on Explanation", in: The Journal of Philosophy, 84, No.6, 1987, S.315-330.
Knoll	„Didaktik der Physik. Theorie und Praxis des Physikunterrichts in der Sekundarstufe I", München 1978.
Krüger	„Erkenntnisprobleme der Naturwissenschaften", Köln, Berlin 1970.
Lauth, Sareiter	„Wissenschaftliche Erkenntnis – eine ideenwissenschaftliche Einführung in die Wissenschaftstheorie", Paderborn 2005.
Leisen	„Problemorientierter Unterricht und Aufgabenkultur", in: Mikelskis-Seifert; Rabe (Hrsg.) 2007, S.82-94.
Mikelskis-Seifert, Rabe (Hrsg.)	„Physikmethodik – Handbuch für die Sekundarstufe I und II", Berlin 2007.
Moravcsik	„Aristotle on Adequate Explanations", in: Synthese, 28, 1974, S.3-17.
Oerter, Dreher	„Entwicklung des Problemlösens", in: Oerter, Montada (Hrsg.) 2002.
Oerter, Montada (Hrsg.)	„Entwicklungspsychologie", Weinheim, Basel, Berlin 2002.

Scheibe   „Ursache und Erklärung" in: Krüger 1970, S.253-275.
----   "Die Philosophie der Physiker", München 2006.
Schnepf   „Die Frage nach der Ursache," Göttingen 2006.
Schurz (Hrsg.)   „Erklären und Verstehen in der Wissenschaft", München
                          1988.
van Fraassen   "A Re-examination of Aristotle´s Philosophy of Science",
                          in: Dialogue. Canadian Philosophical Review, Vol. XIX,
                          März 1980, S.20-45.
----   "Die Pragmatik des Erklärens – Warum-Fragen und ihre
                          Antworten", in: Schurz (Hrsg.) 1988, S.31-90.
Walther   "Logik der Fragen", Berlin, New York 1985.

[i] Gelegentlich wird diskutiert, ob die Physik nicht nur Sachverhalte beschreibt, anstatt sie zu erklären. Eine entsprechende These ist von Mach vertreten worden. Dafür führte er die Fouriersche Wärmeleitungsgleichung als Paradigma an. (Vgl. Bunge 1987, 85) Diese beschreibt in der Tat nur den Transport der Wärme, erklärt jedoch nicht *warum* die Wärme sich so verhält. Das ändert jedoch nichts an der Tatsache, dass es auch Aufgabe der Physik ist, das Verhalten der Wärme zu erklären.

[ii] Dass der zu erklärende Sachverhalt in weitem Sinne demonstriert wird, ist neben seiner Erklärung die zweite wichtige Tätigkeit der Wissenschaft. (Vgl. van Fraassen 1980, 25)

[iii] Zur Rolle von Heuristiken im Physikunterricht vgl. Leisen 2007, 84

[iv] Dabei werden hier nur nicht-statistische Gesetze betrachtet, für statistische Gesetze gilt ein abgewandeltes Modell. (Vgl. Hempel 1977)

[v] Siehe Anmerkung i.

[vi] Zur Debatte darüber, ob Kausalität in der Physik überhaupt eine Rolle spielt vgl. Scheibe 2006, S.207ff.